I0468604

Divulgación Científica

Primer Volumen del Décimo Libro de la Serie

365 Selecciones.com

Pedro Daniel Corrado

Este primer tomo pertenece al Décimo Libro de la Colección 365Selecciones.com, en donde trataremos temas de Divulgación Científica. Los primeros nueve libros de la misma son los 365 Cuentos Infantiles y Juveniles, Poesías Clásicas y Libros Célebres, disponibles en el mismo sitio de internet.

En este décimo libro estaremos publicado lo relacionado con los descubrimientos científicos. La lectura como permanente ejercicio ayuda a disciplinar nuestro intelecto y nuestro espíritu, dotándolos de gran precisión para expresar nuestras propias ideas, y fortalecer de esta manera nuestra independencia de criterio.

Muchas de las ilustraciones son únicas y de gran valor artístico.

Los otros libros de la Colección incluyen Cuentos Sagrados; Cuentos de la Naturaleza; Cuentos de Reyes y Reinas, Princesas y Príncipes; Cuentos Variados; Cuentos de Hadas, Duendes y Gnomos, Cuentos Heroicos, Poemas Clásicos y Libros Célebres. También estaremos publicando libros de Arte. Estoy convencido de que toda la colección será un verdadero Tesoro que sus hijos agradecerán toda su vida.

También será un regalo para Usted mismo, ya que le permitirá completar su formación profesional, ya que quedará sorprendido por varios de los tomos científicos que publicaremos, por su exposición didáctica y original, abierto a todos los públicos.

Copyright © 2016 Pedro Daniel Corrado

All rights reserved.

ISBN-13: 978-1523954612 / ISBN-10: 1523954612

Es el acceso directo al conocimiento

EDITORIAL HIGHWAY ES PROPIEDAD DE PATH SOCIEDAD ANÓNIMA ARGENTINA

Editorial HIGHWAY es un emprendimiento de PATH Sociedad Anónima, Argentina. Nos ocupamos de editar y difundir contenido Cultural, Educativo, Científico y Tecnológico de gran calidad pedagógica que forma la base del aprendizaje de toda persona que quiera cultivarse, al mismo tiempo que se entretiene.

Estamos interesados en editar todo tipo de material que profese una alta calidad espiritual e intelectual, que ayude a la niñez y a la juventud, así como a las personas adultas y mayores, en la permanente formación de valores cristianos, y que impulse el espíritu de independencia de criterio y solidez interpretativa, fomentando al mismo tiempo la educación continua.

Estaremos gustosos de recibir sus correos, así que no dude en escribirnos.

Vea todas las Novedades en nuestro sitio www.365selecciones.com

Correo Electrónico: info@365selecciones.com

PATH SOCIEDAD ANONIMA DE ARGENTINA

Clave Fiscal: 30-64999935-6

HIGHWAY es marca registrada de PATH Sociedad Anónima N° 1.789.936 para la Clase 38

CONTENIDO

LOS GRANDES PENSADORES

DEDICACION

Deseo dedicar toda esta obra a mi madre Alcira Sorani, quien siempre fue mi sostén en todo momento, y a Ekaterina Shiyko quien me alentó en la recopilación. Deseo dedicarla también a los Sagrados Corazones de Jesús y la Virgen María, a San Alberto Magno, Santo Tomás de Aquino, San Ignacio de Loyola, y a todos los mártires cristianos.

RECONOCIMIENTOS

Deseo las mayores bendiciones espirituales y materiales para todos mis maestros, profesores, amigos y bienhechores. Un especial recuerdo para el Dr. Luis Enrique Smidt, quien me ayudó y guió en mis comienzos como profesional independiente, así como a la Dra. Viviana Andrea Lerchundi y la Dra. Estela Marta Coria. A mi querida hermana Graciela Alcira y Carlos Martín Erwin Neumann, ambos amigos y socios. Un especial reconocimiento para Walter Montgomery Jackson a quien solo conocí a través de múltiples lecturas que formaron la base de muchos de mis conocimientos.

.

LOS GRANDES PENSADORES

PLATON, EUCLIDES, SÓCRATES, ARISTÓTELES, SÉNECA, ROGER BACON, ARQUÍMEDES, KANT, TOMÁS DE AQUINO, RAIMUNDO LULIO, LOCKE, BERKELEY, DESCARTES, FRANCISCO BACON, ALBERTO MAGNO, SPINOZA

La verdadera historia es la historia del pensamiento humano. Fácilmente llegamos a cansarnos leyendo lo que han hecho los reyes y las victorias alcanzadas por éstos o aquellos ejércitos. Existe otra historia más profunda, que al mismo tiempo es la más interesante y amena. Nos referimos a lo que los hombres han pensado del mundo y de sí mismos. Es una crónica que a veces nos mueve a risa, y a veces provoca nuestro desprecio, o nuestro enojo. Pero, con todo, su lectura nos interesa, extraordinariamente, y continuamos hasta el fin. Esta historia nos hace retroceder hasta el primer hombre que, volviendo de la caza cotidiana dejó caer al suelo la honda y la piedra y sintiéndose el alma perturbada por melancólica curiosidad, miró a las estrellas, preguntándose: « ¿De dónde vengo? ¿A dónde voy? »

Debemos seguir todos los movimientos del pensamiento humano, desde que el hombre rendía culto al sol, creyendo que del gran disco de fuego tomaba la tierra su vida, hasta el día que otros hombres pesaron y midieron este mismo sol, calculando su edad y dimensiones e investigando cómo y de qué estaba compuesto.

Muy pronto, en lo que se conoce de esta historia, tropezamos con Sócrates, a quien podríamos llamar propiamente « el padre de todos los filósofos que desde entonces han existido en el mundo ». En otra página leeremos lo referente a su vida.

Platón, que nació probablemente hacia el año 427 antes de Jesucristo, fué otro gran pensador. Algunos suponen que todavía vivimos bajo la influencia filosófica de Platón, añadiendo que « penetró todo el misterio del hombre y del mundo, llegando a decir cuánto es dable saber de las cosas humanas y aun de las divinas. Esto no es verdad.

NOMBRES INMORTALES

SÓCRATES

SÉNECA   ARQUÍMEDES   EUCLIDES   ARISTOTELES

PLATON

ROGERIO BACON   RENÉ DESCARTES FRANCISCO BACON TOMAS DE
AQUINO   ALBERTO MAGNO

MANUEL KANT   RAIMUNDO LULIO   BARUCH SPINOZA   JUAN LOCKE
BERKELEY

En esta página vemos los retratos de los grandes pensadores que han existido desde los tiempos más remotos hasta la Revolución francesa. A estos hombres debemos el conocimiento de la existencia y de las leyes del mundo en que vivimos. Representan mucho más, en el mundo, que los grandes generales y conquistadores, y a sus enseñanzas se debe nuestra actual civilización

Sócrates, Platón y Aristóteles fueron grandes hombres, pero el Universo es mayor aún.

Sócrates instruyendo al joven Alcibiades, que fue más tarde un famoso general ateniense

Hemos de reconocer en Platón el cerebro mejor constituido de la antigüedad: pero, al volver la página, vemos que continúan su obra otros grandes hombres de los tiempos modernos. Platón nos invita a conocer nuestra propia existencia. Sintió, como pocos hombres han sentido, el idealismo de la divinidad y el misterio del mundo; pero mientras se inclinaba reverente ante el inmenso poder del Universo, creyó, no obstante, y enseñó la gran verdad, de que « las cosas son cognoscibles ».

La historia que vamos a exponer debe comenzar con este toque de clarín, que precede a las huestes espirituales: « las cosas son cognoscibles ». El hombre está destinado a descifrar el enigma, a percibir la verdad de la existencia. Grande es el cambio que descubrimos cuando desde aquellos hombres, pomo Platón y Aristóteles, que enseñaron valerosamente lo que consideraron como verdad, supremos descubridores de la filosofía, volvemos a los hombres modernoellae, al parecer, temen decir con franqueza y exactitud lo que ellos creen.

LOS DOS EUCLIDES, FILÓSOFOS Y MAESTROS

Entre los discípulos de Sócrates, había uno llamado Euclides, tan ansioso de la palabra del maestro, que viviendo en Megara, se iba a Atenas todas las noches para acudir a la casa del gran filósofo. También era filósofo Euclides, y fundó una escuela. No confundamos a éste con el otro Euclides, el matemático. El primero era un gran pensador, pero jamás teorizó sobre la verdad; discutió solamente los hechos.

Exponía primeramente un hecho real en sus polémicas, y luego confundía a su adversario con sus deducciones, repitiendo: Por consiguiente . . por consiguiente . . por consiguiente, y con extraordinaria rapidez pasaba de un razonamiento a otro. Esta manera de discutir—dice un escritor antiguo, sin darle tiempo al adversario ni para respirar, es la más artificiosa de todas».

De los escritos de Euclides sólo conocemos dos breves fragmentos, pero su doctrina aparece claramente en las palabras de otro filósofo: « Euclides negaba la existencia de todas las cosas opuestas al bien, y les hacía equivalentes al no ser». Después del proceso y muerte de Sócrates, cuando sus discípulos, uno de ellos Platón, se refugiaron en Megara, hallaron un asilo en la casa de Euclides, quién, según parece, había fundado años antes la escuela de Megara.

SÉNECA EL FILÓSOFO MORALISTA MAS RENOMBRADO DE LA ANTIGUEDAD LATINA

Fué Séneca célebre filósofo y escritor español de la época romana. Nació en Córdoba en el año 3 de la Era cristiana. Murió en el año 65 después de Jesucristo. Llevado a Roma por su padre, en su juvenil edad; se dedicó allí al cultivo de la poesía y de la elocuencia, ocupación en aquel tiempo favorita de la juventud dorada. Mostró en el estudio tal empeño que su padre llegó a temer por su vida, al ver tan quebrantada la salud de su hijo por un trabajo excesivo.

Siendo aún muy joven, se ejercitó en el foro, ganando fama por su elocuencia y despertando la envidia y la burla de otros declamadores, entre quienes se contaba el emperador Calígula, que se creía el primero de los oradores y que trocó sus censuras en terrible ojeriza, hasta el punto de pensar en querer condenarle a muerte.

Empeñándose Séneca en armonizar o asimilarse las doctrinas de los estoicos y pitagóricos, sintió nacer en su espíritu la vacilación de ideas que muestra en todos sus escritos y que caracteriza sus costumbres religiosas.

Se abstuvo de comer por juzgarlo contrario a la salud; y dormía en duros y míseros jergones congratulándose de ser pobre.

Agripina, madre de Nerón, confió la enseñanza de su hijo al filósofo español, colmándole de riquezas que el modesto filósofo rehusó.

Como filósofo aspiró Séneca en todas sus producciones a un eclecticismo irrealizable, amalgamando todas las escuelas y sistemas. Cansado, al cabo, de todas las doctrinas, porque en ninguna hallaba la verdad, procuró encontrarla apoyado en sus propias fuerzas. La libertad que proclama no evitó las contradicciones que en sus libros se descubren. Como político y como moralista, niega en unas partes lo que afirma en otras.

Recomienda a su discípulo Nerón que perdone las injurias, y que excluya de este perdón al vulgo; asentó que era bastante título a las honras del Estado el haber nacido de padre ilustre, y rebatió esta misma doctrina: declaró que los beneficios dispensados a los demás acarreaban frecuentes sinsabores, manifestando así, que a todo beneficio debía preceder la reflexión; y dijo después que al otorgar algún favor debíamos evitar el que pareciera que habíamos deliberado. Los ejemplos podrían ser innumerables, y se hallan lo mismo en las tragedias que en las obras filosóficas; por todas partes aparece la duda y la vacilación, reflejando así el carácter de su tiempo.

No obstante, sus escritos filosóficos descubren siempre alteza y profundidad de pensamiento, gran amor a la filosofía y una extensa y atildada erudición. Varios doctos escritores nacionales y extranjeros han formado, con frases, máximas o pasajes de las obras de Séneca, especiales tratados de filosofía moral y de política.

Desde los primeros años, que siguieron a su muerte gozó Séneca de gran estimación, mantenida durante toda la Edad Media y no extinguida en la Moderna.

En España, apenas comenzado el siglo XV, conquistó ya como filósofo, ya como poeta, los elogios de los eruditos. Los más señalados escritores de la corte de Juan II de Castilla tradujeron gran parte de sus tratados filosóficos, que son muy numerosos.

Hay una gran laguna en nuestra historia desde los tiempos de Arquímedes, hasta Roger Bacón, debido, sin duda, a la decadencia del Imperio Romano y a la invasión de los bárbaros. Es un período, que abarca quince siglos, durante el cual los hombres trabajaron más con los brazos que con el cerebro. Sin embargo, procuraremos no caer en el error de creer que en aquella época, llamada «edad de las tinieblas», no brillara alguna luz.

Hubo dos Euclides, que con frecuencia ss confunden. Todos los estudiantes conocen a Euclides, el matemático y geómetra. Pero el Euclides de este grabado, que está enseñando a sus discípulos, es el Euclides de Megara, discípulo de Sócrates. Después de la muerte de su maestro, Euclides explicó filosofía por su cuenta

TOMAS DE AQUINO, UN ESTUDIANTE NEGADO QUE LLEGÓ A SER EL MAYOR PENSADOR DE SU EPOCA

Probablemente el mayor filósofo, al terminar ficho período, fué Tomás de Aquino, nacido a fines del siglo XIII de una ilustre casa italiana. De Tomás de Aquino se dice que fué considerado en la escuela como de muy cortas luces. Se hizo fraile, y como predicador, escritor y misionero, prestó a la Iglesia inapreciables servicios. Se dedicó con gran predilección al cultivo de la Teología, pero jamás quiso discutir con nadie.

Tomás de Aquino fué un maestro de la palabra, sabiendo como pocos expresar sus ideas con penetrante y aguda exactitud. Se propuso enaltecer la Teología hasta elevarla a la categoría de reina de las ciencias.

Luchó siempre por la unidad filosófica, y su sistema sigue siendo hoy objeto de muchos y muy profundos estudios. Parece ser, lo cual es muy curioso, que previó muchas cuestiones que hasta nuestros tiempos no han sido importantes.

Goza de gran autoridad y ascendiente en todos los países del mundo civilizado; y sus obras se han declarado libros de texto en los seminarios. La verdad católica tiene en Tomás de Aquino un supremo e irrebatible apologista.

SIR FRANCISCO BACÓN, CONSIDERADO POR ALGUNOS COMO EL PADRE DEL MODERNO POSITIVISMO

Un inglés fué de los primeros en alzar la voz predicando la supremacía del sentido común y la razón práctica para buscar la verdad. Algunos han dicho que Sir Francisco Bacón fué el padre de una nueva filosofía y el creador de un renacimiento de Europa.

Partió de la idea sublime de acomodar la verdad al bienestar y dignidad de la especie humana, negando valor a toda ciencia que no contribuyera a hacer a los hombres más felices.

La ciencia tiene este fin principal; dar al hombre, en su condición de tal, y para mejorar su vida, nuevas fuerzas y nuevos elementos de conquista en todo lo posible el poder y la grandeza del hombre.

Preguntó sutilmente a los soñadores deslumbrados con palabras que nadie podía entender: « ¿Es la verdad siempre infecunda? » Bacón apoyó su filosofía en este axioma: « Saber es poder ».

Leeremos muchos libros donde se nos dirá que los escritos de Bacón están llenos de errores. El mismo Bacón solía decir, de acuerdo con el proverbio inglés, que «los críticos son como los que cepillan los vestidos de los nobles ». Estos críticos habrán podido quitar el polvo de la levita de Bacón; pero Bacón será hasta el fin de la historia un hombre de los más grandes, que siempre procuraron « llevar al terreno de la vida práctica las grandes especulaciones de la filosofía». Platón consideraba una vergüenza para la ciencia descender al populacho, ser útil, inventar máquinas y preparar todo género de comodidades para las multitudes.

Bacón pensó que en esto se cifraba su gloria. Este concepto de la ciencia que hace de la vida humana el fin supremo de todas las investigaciones, es el fundamento del espíritu positivista que prevalece actualmente.

He aquí algunas sentencias de Bacón :

1. «Los hombres temen morir, como los niños ir a la oscuridad; y así como este miedo natural de los pequeños aumenta con leyendas, de igual manera crece el otro ».

2. «La prosperidad es el don del Viejo Testamento; la adversidad es la gracia del Nuevo ».

3. « Un poco de filosofía inclina al hombre al ateísmo; pero el conocimiento profundo de la misma filosofía hace a los hombres religiosos ».

4. « La venganza es una especie de justicia salvaje».

5. « El remedio es peor que la enfermedad ».

6. Esto fué dicho a propósito de las revoluciones.

7. « Se aprende para mayor gloria de Dios y para alivio del individuo ».

8. «La virtud es como las piedras preciosas; cuanto más vale un brillante más sencilla es su montura ».

A Bacón le gustaba decir al final de sus disertaciones : «No lo expliquemos todo, y terminaremos antes».

RAIMUNDO LULIO, UNA DE LAS MAYORES LUMBRERAS DE LOS SIGLOS MEDIOS

El beato Raimundo Lulio fué un célebre apóstol y filósofo español que concibió el pensamiento de un *Arte General*, para todas las ciencias, en el que aspiró a sustituir la dialéctica del Estagirita por un nuevo sistema que simplificara la especulación y pusiera la ciencia al alcance de todos. Teólogo, orador, moralista, jurisperito, médico, matemático, químico, filólogo, preceptista, Raimundo Lulio fué una de las grandes lumbreras del siglo XIII.

El pensamiento supremo que animó al filósofo fué buscar en todo la ley de la unidad y la armonía; expuso sus doctrinas en las escuelas de Montpellier, Nápoles y París, las cuales, después de discutidas, fueron, al fin, aprobadas por el Concilio de Trento. Fundó una escuela que imperó en la España Oriental, Mallorca y Nápoles, y aun hoy en día sigue siendo muy comentado por los filósofos modernos. La obra filosófica de Raimundo Lulio es muy extensa y original. Nació este gran pensador en Palma de Mallorca, el 25 de Enero de 1235 y murió en Bugía (África) en Junio de 1315.

DESCARTES, VÍCTIMA DEL AMOR QUE UNA REINA TENÍA AL ESTUDIO

Con Bacon dió un gran impulso de progreso a la investigación científica el gran filósofo francés Descartes, quien aportó a la ciencia nuevos e importantes elementos y desarrolló un sistema de filosofía, perfectamente original, aunque ilógico. En su discurso del método busca el fundamento de la certeza en el hecho indubitable de la conciencia del propio pensamiento; pero la certeza de ese hecho supone la de varios principios del orden ideológico.

La reina de Suecia se sentía tan ansiosa de sus lecciones que le hacía ir a su palacio, a dárselas, a las cinco de la mañana. Se dice que este trabajo excesivo y el poco dormir determinaron la muerte del filósofo, que falleció a los cincuenta y cuatro años. Pero su obra estaba ya escrita. A partir de Descartes, Europa ya no interrumpió sus esfuerzos por descubrir la verdad de la naturaleza.

BERKELEY QUE EXPLICÓ LA SUPREMACÍA DEL CEREBRO SOBRE LA MATERIA

Surgió entonces en Irlanda un joven y notable pensador, llamado Jorge Berkeley, que desafió a la humanidad entera con la idea más enigmática y peregrina, que es dable concebir. Se fundaba esta idea en la diferencia que media entre ver una cosa y tocarla. Si un ciego que sólo conoce las cosas por el tacto, recobrara repentinamente la vista ¿podría reconocer con los ojos lo que antes fué familiar a sus manos?.

Algunos años después de expuesta esta teoría, se dió el caso de un ciego que recobró la vista de un modo repentino, y se confirmó la sospecha de Berkeley. El ciego no pudo decir al contemplar un perro y un gato, cuál de los dos animales era el perro y cuál el gato. Y confundido por estos dos sentidos, preguntó cuál de ellos era el que engañaba. El mundo le pareció tan diferente que no podía creer que era la misma e idéntica cosa.

Berkeley explicó que la materia sólo existe en el cerebro. No es posible exponer su teoría en un lenguaje sencillo. Son muchos los hombres ya maduros que nunca lograron entenderla.

Pero también son incontables las personas que atribuyen a Berkeley el descubrimiento de una gran verdad. Berkeley nos dice que el cerebro es lo más importante del universo material. Nosotros no podríamos pensar que nuestro maravilloso mundo existe, si el cerebro no diera fe de que existe verdaderamente.

Un pensador más práctico que el buen idealista Berkeley fué John Locke, cuyo ensayo sobre la comprensión humana interesó a toda Europa. Mientras otros filósofos se dedicaban a teorizar sobre la existencia del mundo, Locke estudió la capacidad del hombre para comprender las cosas. ¿Cómo llegamos al conocimiento de lo creado? Locke llegó a la conclusión de que no tenemos ideas innatas, es decir, que no venimos al mundo con las ideas ya hechas, en nuestro cerebro.

JOHN LOCKE, EL HOMBRE QUE ESTUDIÓ EL CEREBRO HUMANO Y LO QUE PENSÓ DEL MISMO

¿De dónde saca el hombre las ideas que llenan el cerebro y ordenan la vida social?. Las saca de la experiencia. La experiencia tiene dos formas. Hay una experiencia que nos dice, por el sentido del tacto, que las rocas son duras y que el musgo es blando, y otra experiencia que nos conduce a ideas definidas, mediante la reflexión. La primera experiencia es externa; la otra es interna. Pero ninguna es del cerebro mismo, ninguna es innata. Nos servimos del cerebro para definir las impresiones que recibimos del mundo exterior. Locke fué un hombre práctico y constante, que estudió el cerebro como un mecánico una máquina.

KANT, EL HOMBRECITO DE ALMA GIGANTESCA

Un cambio completo se operó en las ideas del hombre respecto a sí mismo y al universo, con los trabajos del profesor alemán Manuel Kant. Imaginémonos un hombrecillo de corta estatura, apenas de metro y medio, con la espalda deforme, de pecho hundido y las piernas y brazos como palitroques.

Dominaba este pobre cuerpo una cabeza hermosa con cejas altas y nobles, ojos claros e inteligentes y pelo rubio y abundante. Pensemos después en una voz débil y silbante al pasar por entre unos labios delgados y correctos. Tal era Manuel Kant. Pero tenía un alma muy grande, y un corazón joven, alegre y afable. Kant gozaba de excelente humor. Era bromista, sencillo, sincero y de nobles sentimientos. Jamás demostró afectación alguna.

Todo el año, en verano y en invierno, se levantaba a las cinco de la mañana y estudiaba un par de horas. A las nueve se sentaba a su mesa de trabajo, para no levantarse hasta la una. Comía fuera de casa, mudando con frecuencia de restaurant, porque siempre le seguía un grupo de curiosos.

Sus sobremesas eran muy largas, pues gustaba de conversar con sus amigos hasta muy entrada la tarde. Luego se paseaba durante una hora, hiciera buen tiempo o malo, y por la noche volvía a sus libros. Era muy aficionado a charlar con los marinos y los viajeros. Leía muchas narraciones de aventuras y se interesaba muy especialmente por la geografía. Jamás hubo hombre alguno más sencillo y amable y que se dejara atraer por la vida callejera de la ciudad.

LAS TEORÍAS DE KANT REFORMANDO TODO EL PENSAMIENTO MODERNO

¿Qué enseñó Kant y cómo revolucionó el pensamiento moderno?. Demostró que Locke no tenía razón al limitarlo todo a la experiencia. Demostró que el cerebro, no sólo recibe una idea que le transmite un sentido, reaccionando con ello, sino que recibe muchas ideas y las reúne y deduce conclusiones relativas a ellas. Y descubrió al dueño del cerebro, al timonel de nuestra barca mental, el Ego. ¿Qué hay en el cerebro del hombro que enlaza esas ideas separadas y recibidas por la vista, el oído y el tacto?. ¿Quién ha dicho: « puesto que hay algo, otro algo debe haber? » Es el Ego, el Yo, la personalidad, el alma.

Continuó demostrando que el cerebro no depende enteramente de los sentidos. Habló de intuiciones. Conocemos muchas cosas intuitivamente, en lo profundo de nuestro ser, sin razonarlas, sin hacerlas pasar por nuestros sentidos, sin ser capaces de demostrarlas. Un hombre trabaja pensando perfeccionar una máquina; un hombre siente el misterio del Tiempo, del Espacio de Dios. Hay, por consiguiente, un mundo moral tan verdadero como el mundo físico.

Aquí no podemos explicar la profundidad de la obra de Kant. El resultado puede parecernos sencillo y fácil; pero con su profundo pensamiento y su maravillosa argumentación, aquel hombrecillo venció a todas las huestes del Materialismo, demostrando que, aparte de los sentidos y de las cosas tangibles del mundo, existe todavía una realidad espiritual y trascendental.

CÓMO KANT ENSEÑÓ LA NECESIDAD DE CREER EN DIOS

Las que llamamos leyes naturales, no dan razón del universo. « Es absurdo—dice Kant—que un hombre conciba la idea de que algún día pueda surgir un Newton, que explique el origen de una sola brizna d hierba por leyes naturales no sometidas a una fuerza superior!.

No dijo que el hombre pudiera llegar a comprender a Dios y a comprobar su existencia; pero demostró que Dios era una intuición necesaria de nuestro cerebro.

Sin el cerebro no podemos pensar en el universo. En cuanto al entendimiento humano, nunca podremos explicarnos perfectamente la existencia de algo visible y real, siquiera sea un árbol, una flor, una hormiga, una abeja.

Pocos días antes de su muerte, cuando estaba casi ciego y en su cerebro se agolpaban sin orden las ideas, Kant dió las gracias a su médico por haberle atendido bondadosamente, y añadió:—Todavía conservo íntegro mi amor a la humanidad.

Kant había repetido muchas veces:—El que me hiciere observar que tuve ocasión de hacer una buena obra y olvidé hacerla, recibirá mis gracias aunque me lo dijere a la hora de mi muerte. Ello puede estimarse como distintivo de Kant.

BARUCH SPINOZA, EL PEQUEÑO JUDÍO HOLANDÉS

Otro investigador de la verdad que nos produce grande admiración, fué el judío Baruch Spinoza, nacido en Amsterdam, en 1632. Creció entre judíos holandeses, y desde muy joven demostró maravillosa sutileza de ingenio. Pero a medida que maduraba su inteligencia, sintió que las prácticas religiosas de la sinagoga no le satisfacían. Era extremadamente avaro de ciencia. Sintió que la naturaleza le enseñaría mejor que el Talmud cuál era la esencia de Dios.

Dos hombres quisieron que les dijera algo de sus pensamientos, y al efecto, pretextaron ser amigos suyos. Después que Spinoza les dijo lo que pensaba, fueron a referir aquella conversación a los jefes de la comunidad judía. Se obligó a Spinoza a que se presentara ante la comunidad y se le ofreció una pensión anual considerable, « si transigía con su religión siquiera fuese aparentemente, acudiendo de vez en cuando a la sinagoga ». Spinoza rehusó, y entonces le arrojaron públicamente de la comunidad israelita, entre gritos y burlas de los judíos que le odiaban.

CÓMO SPINOZA TRATÓ DE PENETRAR EL MISTERIO DEL UNIVERSO

Se marchó Spinoza y se ganó la vida bruñendo lentes para los instrumentos ópticos. Trabajaba y pensaba al mismo tiempo. Durante cinco años su cerebro se esforzó por penetrar el misterio de la existencia. No pudo seguir en la religión de Israel ni pudo creer tampoco en el cristianismo, según lo explicaba la Iglesia. Tampoco le satisfacían las ideas de Descartes.

Encontró la luz en las matemáticas. Sí; con las matemáticas aprendió Spinoza cómo debía considerar al hombre y la vida. Hay una ley de números y otra de geometría. Sabemos que dos y dos son cuatro y que una línea recta no es un círculo. Sin embargo, habrá personas que se empeñen en que dos y dos son cinco y en que una línea recta puede convertirse en círculo; pero por mucho que se empeñen la verdad de los hechos es innegable. Nada puede alterarlos. Si a dos manzanas se juntan otras dos manzanas, tendremos cuatro manzanas; esta es la ley.

A Spinoza le impresionó extraordinariamente esta ley de las matemáticas. Y estudió la humanidad con el mismo espíritu que estudiaba las matemáticas.

Así pudo estudiar al hombre y la vida humana de igual manera que estudió los números y él mismo nos lo dice; resolvió « no reírse ni llorar por las acciones de los hombres, sino entenderlos y contemplar sus afectos y pasiones, como el amor, el odio, la ira, la envidia, el orgullo, la compasión y otros desórdenes del alma, no como vicios de la naturaleza humana, sino como propiedades de ella, así como el calor, el frío, el viento y el trueno pertenecen a la naturaleza de la atmósfera. Pues éstos, aunque molestos, son necesarios y tienen ciertas causas por las cuales podemos comprenderlos; y así contemplándolos en su verdad, da a nuestro cerebro tanta alegría como por el conocimiento de cosas gratas a los sentidos.

Spinoza nos enseña a olvidar la importancia de nuestra propia vida, tan efímera, para fijarnos en toda la especie humana, que nos invita a remontarnos hasta el misterio de la Eternidad y de lo Infinito. El Universo debe ser infinito y eterno; el hombre se encuentra en medio de esta eternidad del tiempo y la infinidad del espacio.

EL CAMINO SENCILLO DE LA FELICIDAD, SEGÚN SPINOZA

« Hazte amigo de Dios—dice Spinoza —y vivirás en paz ». Enseñó que el hombre es feliz o desgraciado según concentra su amor. Si concentramos nuestro amor en cosas mortales, pequeñas, insignificantes, seremos infelices; sólo concentrándolos en un objeto infinito y eterno, « goza el alma de alegría inmutable y pura ». Aconseja a los hombres a que busquen a Dios con la razón, procurando siempre no ser apasionados sino para el bien ». A esto lo llama Spinoza « el amor intelectual de Dios ».

Se ha dicho que Spinoza era « un hombre intoxicado de la idea de Dios ». Y en efecto, quizás no haya existido otro filósofo que, como Spinoza, sintiera tan apasionada y ardientemente la gloria, el poder, la majestad y la misericordia de Dios infinito y eterno.

Acometido y asediado en todas partes por sus enemigos, y minada su salud por la terrible tuberculosis, Spinoza se pasaba la vida cambiando de domicilio y sin atreverse a publicar sus opiniones por miedo de ser castigado.

El aspecto de este famoso y noble filósofo los lo describe un biógrafo suyo: « Era de estatura mediana y su rostro invitaba a la simpatía; algo morena la tez, negro y rizado el cabello y largas cejas también negras, revelándose de este modo que descendía de judíos portugueses. »

HOMBRES QUE HABLAN DESDE ADENTRO Y HOMBRES QUE HABLAN DESDE AFUERA

A la muerte de Spinoza se vió que su propiedad sólo bastaba para pagar algunas de sus deudas. Dejó algunos libros, lienzos y grabados. Había vivido con la sobriedad y estrechez de un monje, atento sólo a buscar la verdad de las leyes de Dios.

Recordemos ahora que hay dos categorías de cerebro: El hombre que mira la vida, ve lo que puede ver de ella con sus ojos y, en el acto pronuncia su juicio sobre el Universo. Como ve, así juzga. Y el hombre que compara lo que ve con lo que su naturaleza espiritual le asegura que es verdad, espera que Dios complete su estudio. Ralph Waldo Emerson ha reunido admirablemente este conflicto.

« La diferencia — dice – que existe entre filósofos como Spinoza y Kant y otros pensadores como Locke, está en que los primeros hablan desde adentro de la experiencia, como poseedores del hecho; y los otros hablan desde afuera, como simples espectadores. Los ojos nos enseñan poco; el alma nos asegura de todo. Pero debemos poner cuidado en alimentar el alma con el sólido alimento de la razón, y no con el alcohol de la superstición ».

LAS CONVICCIONES DEL HOMBRE

En todo hombre, como Kant nos enseña, hay ciertas convicciones que no se aprenden ni en los libros, ni se adquieren con la experiencia. Debemos tener presentes estas convicciones propias cuando oímos las ajenas. Debemos alimentarnos con ideas grandes y verdaderas. Debemos procurar sentir, cada día más profundamente, lo que enseñó Spinoza: que el temible y glorioso ser que vive entre lo Infinito y lo Eterno, hace llegar su poder hasta los hombres de este miserable planeta.

Pero contrariamente a las doctrinas panteístas hemos de creer que el mundo todo recibe de Dios continuamente su ser, de la misma manera que le recibió en otro tiempo en el momento de la creación. Todo se apoya en Dios; Dios lo sostiene todo para que no caiga en el abismo de la nada; Dios es el perpetuo dador del ser y de la vida. Todo aire que se mueve toda hoja que cae, requiere el concurso de Dios, a quien debemos hallar en todas las cosas

DOS GRANDES MAESTROS DEL MUNDO

Manuel Kant es probablemente el más grande de los filósofos modernos. Era pequeño de cuerpo y deforme; pero tenía un alma gigantesca, siendo su carácter invariablemente alegre. Le gustaba comer en los restaurantes y hablar con marinos y viajeros, como se ve en este grabado. Pero, como se aglomeraba mucha gente para verle, se veía obligado a cambiar con frecuencia de restaurante

Baruch Spinoza, uno de los más grandes filósofos de los tiempos modernos, era judío. A medida que Spinoza se iba haciendo un pensador, fué perdiendo la fe en la religión de sus padres. Los jefes de la comunidad hebrea le ofrecieron una pensión si aparentaba estar conforme con las creencias de los israelitas; pero Spinoza rehusó, indignado, como vemos aquí, y los judíos le echaron de su comunidad. Spinoza reveló al mundo algunas sublimes verdades sobre la existencia de Dios

<u>LO QUE PENSÓ CONFUCIO</u>

DEBEMOS ahora dedicar especial atención al más grande de los pensadores chinos, a quien venera hoy, por lo menos una cuarta parte de la humanidad, considerándolo como a uno de los sabios más grandes que jamás hayan existido en el mundo. El verdadero nombre de este pensador fué el de Kung; pero los chinos le llamaron muy pronto « Kung el maestro », o en su idioma, Kung-fu-tse. Hace ya mucho tiempo que se latinizó este nombre pronunciándose Confucius (o Confucio en castellano) y así se le llama en todo el mundo occidental, como le llamaremos nosotros. Pero antes debemos saber lo que significa « Kung el Maestro ».

Así como la religión que fundó Budha se llama budhismo, del mismo modo entiéndese por confucionismo las enseñanzas y doctrinas de Confucio. Estudiando a Confucio como a un gran pensador de la antigüedad, no debemos caer en el error de considerarle desaparecido en absoluto del mundo de las ideas o como a un simple personaje de la historia antigua.

Las enseñanzas de Confucio subsisten, y una cuarta parte de la humanidad las sigue fidelísimamente, tomándolas como norma de su vida. La gente que cree en Confucio no es gente débil, ni agonizante, ni estúpida; se trata de hombres tan inteligentes como los demás; se multiplican rápidamente, son muy fuertes y trabajadores, y, con su esfuerzo y sus creencias, acaso lleguen a desempeñar un papel tan importante en el mundo futuro, como el de los pueblos más avanzados. Esto debe tenerse muy presente al estudiar a Confucio.

Por los pensamientos se rige la acción de los hombres; y los maestros del pensamiento son los sabios. El chino Kung, nacido hace 2.500 años, aproximadamente, no sólo fué un gran pensador en su tiempo sino que lo sigue siendo todavía; y, aun después que nosotros hayamos muerto, será Confucio una potencia de vida intelectual en el mundo moderno y en lo porvenir.

La ignorancia es vergonzosa, si no en los niños, en las personas mayores que se suponen educadas y que tienen la obligación de indicarles a los niños lo que éstos deben aprender. Y muchas de estas personas mayores creen que Confucio es un muerto del que sólo se acuerdan algunos paganos que viven muy distantes de nosotros.

Sabemos que la ley de gravitación ha de persistir siempre en el mundo, y así otras leyes físicas, entre las que descuella la de la vida y la muerte. Debemos estudiar todas las fuerzas que ayudan al mundo en su evolución y progreso.

Confucio ha sido, y sigue siendo, una de estas fuerzas superiores. Supongamos que fueran falsas sus doctrinas, que nunca hubiese dicho la verdad; pero, aun así y todo, por seguir el confucionismo una cuarta parte de la humanidad, merecería despertar nuestro interés el chino Kun, siendo la figura preeminente del más vasto imperio que registra la historia. Un hombre de ciencia, bien conocido, escribía a propósito de Confucio el informe que reproducimos a continuación, y en el que se demuestra la veneración que aun se tiene al gran pensador chino.

« A su nombre se dedican los más altos honores en toda la China, y esos honores se los tributan así el personaje más elevado como el pobre más humilde. En todas las ciudades hay templos donde se le venera. En esos templos hay estatuas o lápidas conmemorativas de la gloria de Confucio. Y en una sala del más importante de esos templos, se hallan otras lápidas con los nombres de los antepasados de Kung y de sus discípulos. Los templos suelen ser los edificios más suntuosos en todas las ciudades; están sus muros pintados de rojo. Todas las primaveras y otoños acuden los altos funcionarios chinos a los templos para rendir homenaje solemne al pensador, y al pie de los altares depositan los frutos de la tierra y queman incienso.

El mismo emperador cuida personalmente de que el Colegio Imperial atienda al cumplimiento de estos deberes. Para venerar a Confucio, el emperador se arrodilla dos veces, y tres veces inclina reverente la cabeza ».

« En todas las escuelas chinas veneran a Confucio, lo mismo los maestros que los alumnos, los días primero y quince de cada mes. Para conmemorar el aniversario de su nacimiento, se señala esta fecha, como la oficial para efectuar la apertura del curso escolar. En todas las aldeas chinas se ven letreros encarnados con esta inscripción: «Lápida conmemorativa dedicada a recordar al más perfecto, más santo y más sabio de los maestros, Kung ».

LA VIDA DE CONFUCIO

SE supone que Confucio nació en el año 551 antes de J. C. Su padre fué un pundonoroso militar, y, según dicen los chinos, descendía del ilustre emperador que, dos mil años antes, fundó el gran imperio de la China. Cuando el niño Kung sólo contaba tres años, murió su padre. De su primera educación sabemos muy poco, excepto que, según él mismo dijo más tarde, se aficionó mucho al estudio al cumplir los quince años.

De acuerdo con las costumbres de su país, se casó muy joven; a los veinte años era ya padre. Fué muy pronto un oficial del ejército, pero seguía aplicándose al estudio con vehemencia durante sus ocios. Estudiaba preferentemente historia y filosofía, mostrándose muy disgustado del sistema de vida que llevaban sus compatriotas. Esperaba aprender el modo de reformar el Estado, y sobre todo, de conseguir el progreso moral de su pueblo. A los treinta años era ya célebre, y de todo el país iban estudiantes a oír sus doctrinas.

Llegó a ser algo así como un ministro de Gracia y Justicia, es decir, el juez superior entre todos los jueces de la nación, y se dice que casi logró suprimir el crimen en absoluto. Sabemos que en cierta ocasión mandó ejecutar a un delincuente; pero ello no obstante, siempre fué contrario a la pena de muerte, pues consideraba que los criminales habían llegado a serlo, porque el Estado no se había cuidado de educarlos en la infancia.

Cuando un discípulo le preguntaba cómo se podría obtener un buen gobierno, decía Confucio que los gobernantes debían cuidar de no cometer cuatro errores graves, el primero de los cuales era no instruir al pueblo y castigarle después, lo que significaba una cruel tiranía.

Pasados dos mil quinientos años, el mundo moderno civilizado comienza a darle la razón a Confucio. Hasta hace poco tiempo, se daba escasa importancia a los niños en la escuela, y se los castigaba cruelmente cuando cometían alguna falta, induciéndolos así a seguir un mal camino. Pero esto, como decía muy bien Confucio, es una cruel tiranía; de suerte que en ello estamos ahora comenzando a respetar el principio de aquel gran ministro de Justicia chino, que vivió 2.000 años antes que Colón descubriera la América.

Sabemos igualmente que, como juez, tenía una norma que siguen hoy los jueces modernos. « Instruyendo causas —decía Confucio—soy un hombre como los demás; pero lo esencial e importantísimo es que los demás no acudan a la justicia con demasiada frecuencia ». En efecto, cuando hoy los hombres se disputan un derecho, los jueces más discretos procuran arreglar el asunto amigablemente, procurando que los querellantes no acudan a los Tribunales, aunque esto signifique, para los abogados de buena fe, la reducción de sus honorarios.

Pero, como sucede y ha sucedido siempre a los grandes hombres, — podrían citarse mil y mil casos, si el tiempo no hubiese borrado los recuerdos—. Confucio, no obstante ser tan bueno, tan sabio y honrado, tuvo muchos enemigos. Estos se confabularon para derrocar al príncipe que protegía a Confucio, y realizaron una hazaña funesta, que se convirtió en asunto público y obligó a Confucio a dimitir el cargo de ministro.

Se dedicó entonces a viajar, y durante muchos años, anduvo de una a otra provincia, acompañado de sus discípulos. En algunas partes le recibían bien y en otras mal, tratándosele como a un *perro callejero*. De todas partes salió, más pronto o más tarde, penosamente defraudado en sus esperanzas. Siempre se mostraba dispuesto a aconsejar a los príncipes que hallaba a su paso, y hasta les ofrecía su ayuda para que gobernasen según sus principios; pero era tan bueno y sabio que no le comprendían. Sin embargo, tuvo siempre discípulos fieles, de quienes fué amado y a quienes amó, consolándose así de la ingratitud de su pueblo.

Mucho tiempo después, cuando iba a cumplir los setenta años, regresó al reino de Lu, donde había gobernado. Allí le permitieron volver a la corte, no como funcionario público, sino como particular, a quien se consultaba en momentos difíciles. En esa condición pasó los últimos cinco años de su vida, escribiendo, aunque ninguno de sus escritos se ha conservado, como ocurrió con otros muchos grandes pensadores de la antigüedad.

Tenemos, pues, que dar fe a lo que refirieron sus discípulos respecto de sus enseñanzas. He aquí una traducción del informe chino sobre la muerte de Confucio, que ocurrió después de haber cumplido los setenta y tres años:

« Se levantó temprano, y con las manos cruzadas a la espalda, iba paseándose, seguido de sus discípulos, por delante de la puerta de su casa, a tiempo que decía con voz lacrimosa:

La gran montaña ha de abatirse;

La viga más fuerte se romperá;

Y el hombre sabio acabará marchitándose como una flor ».

« Luego se entró en la casa y se sentó cerca de la puerta. Tsze Kung había oído las palabras del maestro y se dijo a sí mismo:—« Si la gran montaña ha de abatirse, ¿hacia dónde debo mirar?. Si la viga más fuerte ha de romperse, ¿en qué debo apoyarme?. Si el hombre sabio ha de marchitarse como una flor, ¿a quién debo imitar? Temo que el maestro esté enfermo ».

« Y echó a correr hacia su casa. El maestro, al verle, le dijo:—¿Qué haces aquí tan tarde, Tsze?. Anoche soñé que estaba sentado entre las ofrendas otorgadas a los muertos, apoyándome en dos cojines. Se acabaron los reyes discretos, y ¿cuál de las criaturas que viven bajo la inmensa bóveda azul, me aceptaría como maestro ?. Creo que voy a morir ».

« Al decir esto, se echó en la cama. Estuvo enfermo durante siete días y al fin murió ».

El mejor comentador de Confucio añade las siguientes palabras, al hablar de su muerte:

« Su fin, que impresionó profundamente a cuantos lo presenciaron, fué melancólico. Se deslizó como envuelto en una nube. La desilusión había amargado su alma. Los grandes del imperio no habían recibido su enseñanza ».

« No hubo a su lado familia, hijos, esposa, que lo cuidaran cariñosamente. Tampoco presintió la otra vida, sino que se dejó ir a través de un valle obscuro. Ni rezó ni se mostró espantado de la muerte. Pudo haber estado oculta, en lo más recóndito de su alma, la idea de que había tratado de servir a sus semejantes para servir también a Dios; pero de ello no dió señal alguna ».

No fué trágica su muerte, como la de Sócrates. Pero como Sócrates, fué un gran pensador. La vida de Confucio nos demuestra que, generalmente, los grandes hombres fueron despreciados de sus contemporáneos, fracasando en vida para triunfar después de muertos. En efecto, Confucio, al llegar a los umbrales de la muerte, consideró que ningún éxito había obtenido en sus esfuerzos e ideales; pero en todos estos casos, de los que está llena la historia de la humanidad, deberíamos tener presentes las palabras de Jorge Eliot:

« La mejor herencia que el héroe deja a su raza es la de haber sido un héroe. No importa que fracasemos en las más nobles empresas. Así se va formando la tradición. Y dejamos nuestro espíritu en las almas de nuestros hijos ».

LO QUE SIGNIFICA EL CONFUCIANISMO

EL confusionismo es, como ya hemos dicho, la escuela que fundó Confucio, más conocida en castellano como la Escuela de los Letrados. Desde su fundación ha sido seguida por una buena parte de la humanidad, y como se sigue todavía, y no da señal alguna de languidecer, haremos muy bien enterándonos de lo que significa.

Como podemos ver por las mismas palabras de Confucio, que vamos a citar, éste no tuvo una idea fija de Dios ni de la otra vida. En este sentido no fué un verdadero maestro espiritual; más bien nos parece un hombre práctico, muy atento a las cosas de este mundo. No podemos decir, por tanto, que el confucionismo esté al mismo nivel del budismo. En éste hay una verdadera religión que le habla al hombre de la redención de su alma. Confucio no pensó en esto; se limitó a enseñar a los hombres a vivir bien la vida mortal. Se inspiró en los hechos, no en palabras, importándole poco la religión que profesara éste o aquél de sus compatriotas.

Enseñó que la bondad vale por sí misma y que constituye también la « mejor política ». Pero la bondad no fué la mejor política para él mismo, ciertamente ; de modo que hemos de aceptar la idea de que otra bondad superior corrige la ingratitud de los hombres.

En cuanto a la vida futura, tampoco usó Confucio ni promesas ni amenazas. No prometiendo nada para la otra vida, el confucionismo pide que los hombres sean buenos por sólo la satisfacción de serlo.

Creía Confucio, seguramente, que los hombres nacen siendo virtuosos y que deben conservarse así. Siguiendo las leyes de su propia naturaleza, y cuidando de no caer en el mal, el hombre, decía, puede remontarse hasta el cielo. Consiste pues, la doctrina de Confucio en predicar el amor a la bondad por la bondad misma; y así no puede aceptarse como una religión propiamente dicha.

Sin embargo, en un amplísimo sentido de la palabra, puede llamarse religión el confucionismo; pues religión significa algo que hace la unidad de los pueblos; y si hay algo en el mundo que haya contribuido a mantener unida a una nación, haciéndola fuerte y duradera, eso es el confucionismo. Sobre todo, éste insistió en predicar el deber de amar y respetar a los padres, y lo consideró como el primero de los deberes.

Según las mismas palabras que usó Confucio «nunca debe desobedecerse a los padres, sirviéndoles en vida, observando una conducta noble, enterrándolos cuando mueren, siguiendo una conducta noble, y sacrificándose por ellos, mediante una conducta noble ».

Recúerdese uno de nuestros Mandamientos: «Honrarás a tu padre y a tu madre ». Este principio parece ser el eje de la doctrina de Confucio, y aun puede observarse como la característica de la moral china. Los chinos sienten verdadera veneración por sus padres.

Suponen algunos sabios que en esto está el secreto de la maravillosa perseverancia de los chinos, que formaban ya un pueblo civilizado muchos años antes de que hubiese en Europa una sola persona que supiera leer y escribir; que han visto sucederse los grandes imperios, como los de Grecia, de Roma y de España, desapareciendo uno tras otro, y que hoy todavía viven, despertando de un largo y profundo sueño, confundido por algunos con la muerte.

La continuación de la vida de un pueblo depende de los padres y los hijos. Al predicar Confucio el amor y el respeto para los padres, predicaba la unión de los hombres, la fuerte y duradera comunidad nacional.

Cuando estudiamos las costumbres más antiguas, hallamos siempre variando de aspecto, según los tiempos y lugares, un sentimiento inmortal que podríamos llamar el culto de los antepasados. Los mismos salvajes hacen ofrendas al espíritu de sus muertos. Muchas veces, en el culto a los antepasados, hay excesos absurdos e impropios. Por ejemplo, ciertas personas creen en la visita de los espíritus, y existen salvajes que sacrifican a semejantes suyos, creyendo con ello dar gusto a sus parientes muertos. Todo esto es horrible.

Pero de Confucio podemos decir que, tomando el culto a los antepasados, común a todos los pueblos en ésta o aquella forma, lo purificó volviéndolo razonable y práctico, para lo cual hubo de limpiarlo de viejos resabios vergonzosos. Así la existencia nacional de los chinos ha sido duradera, por haber cumplido, sin saberlo, con uno de los preceptos de nuestra religión. Esta sana enseñanza hace fuerte a una familia; y es bien sabido que, en todas las latitudes y en todos los tiempos, de las familias sólidamente constituidas han nacido las naciones más poderosas, siendo una nación débil aquella donde débiles son las familias.

Debemos tener presente que existiendo en la China el culto a los antepasados, éste sirve para honrar el ayer, y preparar el mañana. Según la creencia y las prácticas chinas, derivadas de la doctrina de Confucio, los padres son ciudadanos respetados y venerados por sus hijos; y cuando mueren, sus hijos honran sus restos, los entierran con honor y protegen sus sepulcros, que se conservan como sagradas reliquias.

Resulta, pues, que los hijos son necesarios. El hombre debe tener hijos. Así todos los chinos se casan muy jóvenes, considerando que sería un verdadero desastre morirse antes de haber sido padre. Por consiguiente, el matrimonio y la familia son cosas sacratísimas, en la China.

Con sólo meditar un poco sobre ello, comprenderemos la importancia trascendental que tiene para una nación esto de que los hombres crean que su deber es tener hijos y de que los hijos veneren a sus padres. Otros caminos siguió también Confucio para enseñar al pueblo que debía cuidar de la juventud, honrándola y dedicándole especial atención. Precisamente, como lo hizo un pensador romano muchos años después, insistió sobre este punto, valiéndose de todos sus medios de convicción, y se dice que empleó estas palabras:

« Debemos al niño una mirada cuidadosa y constante. ¿Cómo podremos diferenciarles o bien hacerles iguales a los hombres de hoy?. Sólo cuando sean ya hombres maduros, cuando tengan cuarenta o cincuenta años y no hayan hecho nada notable en su vida, es cuando debemos retirarles nuestra protección y cuidado ».

He aquí algunas de las más célebres frases de Confucio, sobre el ineludible deber de honrar a los padres, así como a los hermanos, que son hijos de los mismos padres, a quienes debemos veneración.

« El respeto a los padres y una amistosa armonía entre hermanos, son la principal raíz del árbol del sentimiento que debe arraigar entre los hombres ».

« Los niños deben demostrar siempre su amor filial, hasta cuando sus padres estén ausentes. Que sean cuidadosos y sinceros, amando toda virtud humana, y que empleen sus ocios, después de haber paseado y jugado lo bastante, en adquirir buenos conocimientos del arte y de la música ».

« El que después de haberse sometido durante tres años a la voluntad de su padre, sigue fiel a este principio, aunque su padre haya muerto, adquiere derecho a que se le tenga por un buen hijo ».

« A los padres sólo debe serles permitido un dolor: el de ver a sus hijos enfermos ».

«El amor filial no sólo consiste en atender a los padres en su ancianidad; también los perros y caballos los atienden. Si los hijos no sienten muy profundamente el amor y el respeto filiales, ¿en qué se diferencian de los caballos y los perros?. Trabajar para los padres ancianos y llenar su plato de alimento, no es bastante para comportarse como un hijo bueno y respetuoso».

« Un hijo que ayude a sus padres puede darles también un consejo amable; pero si el consejo no fuera aceptado por éstos, él no deberá enfadarse ni sentirse herido en su orgullo, sino que se callará respetuosamente. Mientras vivan sus padres, cuidará de no irse demasiado lejos, si viaja; en todo caso, no descuidará el escribirles, comunicándoles su punto de residencia. Un buen hijo no debe olvidar nunca la edad de sus padres. Y si éstos llegan a ser muy viejos, deberá alegrarse de que hayan vivido mucho tiempo, lamentando a la vez que les queden pocos años de vida ».

« A los ancianos debemos procurarles el descanso; con los amigos debemos ser sinceros; a los niños los trataremos siempre con ternura ».

« El hombre no tiene que mostrarse apenado porque no tenga hermanos; hermanos suyos son todos los hombres del mundo».

Entre los pensamientos que hemos citado, los hay hermosos y eternos; pero convendrá tener presente que la enseñanza de Confucio, en estos puntos, de ningún modo fué perfecta. También tuvo sus defectos.

Lo sobresaliente de la doctrina de Confucio, en este asunto, es el nivel distinto en que coloca a los hermanos y las hermanas. Para Confucio, lo mismo que para todos los chinos en general, la mujer o la niña significa bien poca cosa. Frecuentemente habla Confucio de los hermanos y de los deberes de los hermanos, pero nunca menciona a las hermanas. Lo más importante de su doctrina es que el hombre debe casarse y tener hijos; si tuviera hijas solamente, sería una sucesión nula. Sobre todo se ha de honrar al padre, según Confucio, mucho más que a la madre. En este sistema de colocar aparte a los hermanos y las hermanas, hay algo horrible, pues resulta que se desprecia a las niñas y a veces ni siquiera se les permite vivir.

Se ha dicho que Confucio enseñó a sus discípulos el principio fundamental de la justicia conmutativa: es decir, que tenemos que hacer con los demás lo que deseamos que hicieran ellos con nosotros mismos. Esto lo han dicho aquellos que intentaron poner la doctrina de Confucio al mismo nivel que el cristianismo.

Pero ahora, al estudiar las palabras de Confucio, tal como nos han sido transmitidas por sus discípulos, hallamos que entre el Confucionismo y la religión cristiana, media el abismo que separa lo divino de lo humano.

En cierta ocasión le preguntaron a Confucio:—¿No hay una máxima que pueda servir de norma fundamental de bien vivir?—Y contestó Confucio:—Esa palabra ¿no será la reciprocidad?. Lo que no quieras para ti no lo quieras tampoco para los demás.

Pero Confucio no dice que debemos amar al prójimo como a nosotros mismos y hacerle bien, aun en el caso de que él nos haga mal; lo único que dice es que no debemos desear para nuestros semejantes aquello que no desearíamos para nosotros. No debe olvidarse este punto importantísimo, pues en él estriba una de las diferencias que existen entre las dos religiones. La religión cristiana no solamente es religión de justicia, sino ante todo y sobre todo religión de amor.

UN ANTIGUO TEMPLO DONDE SE VENERA A CONFUCIO

ALGUNAS SENTENCIAS DE CONFUCIO

VAMOS a reproducir algunos otros pensamientos recogidos del libro llamado las Analectas, o colecciones, donde los discípulos de Confucio reunieron las mejores de las sentencias de su maestro.

« La sinceridad es el principio y fin de todas las cosas. Sin la sinceridad nada sería posible».

« Cuando un hombre se halla ante una empresa difícil de realizar, ¿qué menos puede hacer que meditar y hablar despacio? »

« Un hombre virtuoso se fija principalmente en la dificultad de sus empresas, y considera el éxito de las mismas como un acontecimiento subsecuente: esto lo podríamos llamar una virtud perfecta. Si hacemos las cosas como debemos hacerlas, y esto nos importa más que el éxito de las mismas, ¿no es éste el camino de la verdadera virtud?. Corregir los propios defectos y no los ajenos ¿no será el mejor sistema para llegar a la supresión del mal? »

« No es lo mismo conocer la verdad que amar la verdad; del mismo modo que no son lo mismos aquellos que la aman, que los que hallan en ella la dicha ».

« Si el cielo hubiese permitido que pereciera la causa de la verdad, entonces yo, un simple mortal, no sería su defensor. Pero mientras el cielo no deje perecer la causa de la verdad, ¿qué otra cosa pueden hacer los hombres sino defenderla? »

« Entregarse seriamente al cumplimiento del deber y honrar a los espíritus y conservarse respetuosamente alejados de ellos, esto puede ser llamado sabiduría ».

« El sabio se siente feliz dentro del agua; el virtuoso lo es en los altos montes. Los sabios son reposados, tranquilos; los virtuosos son activos. Los sabios son alegres. Los virtuosos disfrutan de larga vida ».

« Aquél a quien la calumnia, que penetra lentamente, no logra herir, y a quien tampoco hacen daño las frases insidiosas, es un hombre inteligente. En efecto; el hombre que permanece impasible ante la calumnia y la difamación es un hombre que ve la realidad de las cosas ».

» El que ofende al cielo es que no tiene a nadie para quien rogar ».

« El hombre nació para portarse noblemente en su vida ».

« Triste es el caso del hombre que se cuida demasiado de comer, y muy poco de su alma. ¿No son estos hombres unos jugadores que lo fían todo al azar?. Para ser uno de esos hombres, es mejor todavía no ser nada ».

« No rectificar un error cometido es cometer otro error ».

« Como el pensamiento suele tener inclinaciones viciosas, si nuestra bondad natural no es bastante fuerte para corregirlas, entonces, seguramente, se habrá perdido hasta en aquellos casos en que se crea haber ganado ».

« ¿Debo deciros lo que es el saber?. Cuando sepáis una cosa, comprended que la sabéis, y cuando no la sepáis, reconoced vuestra ignorancia. Esto es saber ».

« Mejor es que en unos funerales haya verdadero y profundo dolor, que no exceso de ceremonias ».

« La diferencia entre un gran hombre y un hombre vulgar es que el primero tiene un entendimiento leal, abierto a todas las cosas; y el hombre vulgar tiene un entendimiento parcial y rectilíneo ».

« Ver lo justo y no obrar de acuerdo con la justicia, es una cobardía ».

« Cuatro son las condiciones de un hombre superior: ser invariablemente modesto; servir respetuosamente a sus superiores; mostrarse bondadoso al nutrir al pueblo, y gobernarlo con justicia ».

« El que posee la virtud, posee lo principal ».

« La virtud debe ser común al labrador y al monarca ».

« Ponderad la rectitud y practicad la virtud. El saber, la magnanimidad y la energía son lazos universales. La formalidad, la generosidad del alma, la sinceridad, el celo y la bondad constituyen la virtud perfecta ».

« Tened siempre presente la debilidad humana: es de vuestra naturaleza caer y cometer faltas. ¿Habéis cometido alguna?. No temáis repararla; no vaciléis un instante; no perdonéis esfuerzo ninguno para levantaros, y romped resueltamente todas las cadenas que os lo impidan ».

« Trabaja en impedir delitos para no necesitar de castigos ».

« Nunca hagas apuestas. Si sabes que has de ganar, eres un pícaro; y si no lo sabes, eres un tonto ».

« Rectificad vuestros pensamientos. ¿Son puros éstos? Lo serán también vuestras acciones».

« Por muy lejos que el espíritu vaya, nunca irá más lejos que el corazón ».

« Amemos a los demás como a nosotros mismos; midamos a los demás como nos medimos nosotros; estimemos sus penas y sus goces como estimamos los nuestros. Y cuando queramos para ellos lo mismo que queremos para nosotros; y cuando temamos para ellos lo mismo que para nosotros tememos, entonces seguiremos las leyes de la verdadera caridad ».

« No hay cosa más fría que un consejo cuya aplicación sea imposible ».

« Es de alma grande vengarse de las injurias con beneficios ».

« De la moral provienen dos cosas esenciales: la cultura de la naturaleza inteligente y la duración de los pueblos ».

« Es preciso que el entendimiento vaya adornado de la ciencia de las cosas, a fin de separar el bien del mal ».

« Filósofo es aquél que conoce a fondo los libros y las cosas, el que todo lo pesa y todo lo somete al imperio de la razón ».

« Aparte del cielo, que pertenece al hombre, está la naturaleza inteligente: la conformidad con esta naturaleza, constituye la regla: el cuidado de hacerla efectiva y sujetarse a ella, el ejercicio del sabio ».

« El buen procedimiento consiste en ser en todo sinceros, y conformar el alma con la voluntad universal: esto es, hacer con los demás, lo que yo deseo hagan ellos conmigo ».

« En el medio consiste la virtud; quien lo traspone, no consigue más que lo que logran los infelices, privados de alcanzarlo »..

ACERCA DEL AUTOR

Pedro Daniel Corrado nació el 9 de Mayo de 1961 en el distrito federal Buenos Aires, Argentina. Estudió en instituciones educativas salesianas, y se graduó en 1979 en el colegio Pio IX.

Posteriormente recibió el título de Ingeniero en Electrónica en el Instituto Tecnológico de Buenos Aires con diploma de honor en Julio de 1987.

Fundó una empresa de Tecnología en Información en 1991 llamada PATH Sociedad Anónima.

Desde el año 1998 trabaja con la tecnología de bases de datos Oracle, y sigue con gran dedicación la evolución del lenguaje Java, así como todo lo relacionado con los formatos de almacenamiento de información XML, y gestión de documentos con los productos Oracle Content Management.

www.ingramcontent.com/pod-product-compliance
Lightning Source LLC
Chambersburg PA
CBHW070338190526
45169CB00005B/1956